Mis primeras palabras científicas

I0795293

Palabras para el espacio

Un libro de El Semillero de Crabtree

De Taylor Farley
y Pablo de la Vega

CRABTREE
PUBLISHING COMPANY
WWW.CRABTREEBOOKS.COM

Tierra

Sol

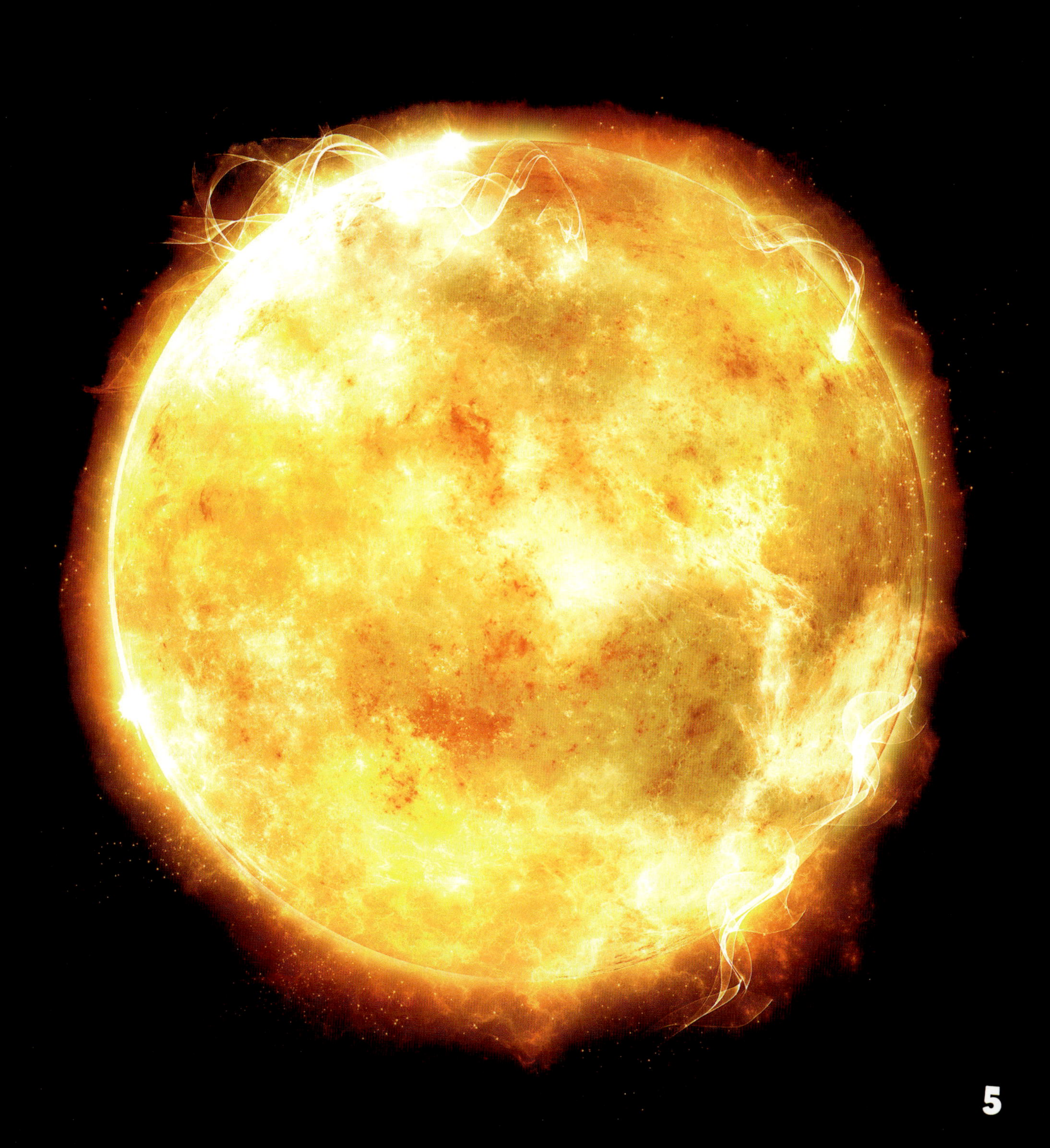

Luna

estrellas

planetas

telescopio

cohete

astronauta

17

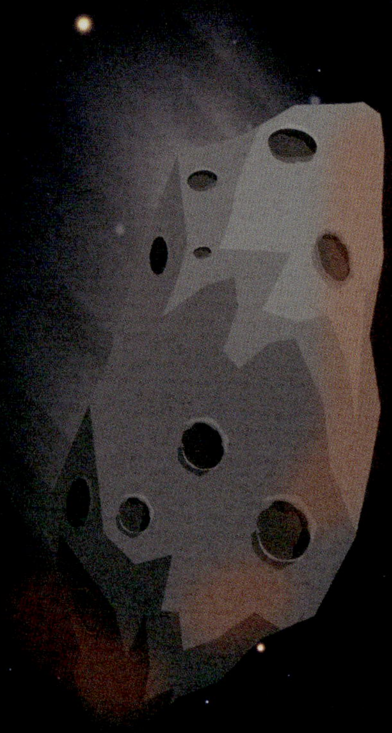

meteoro

galaxia

Glosario

astronauta: Un astronauta es alguien que viaja por el espacio.

cohete: Un cohete es un vehículo largo y puntiagudo que se mueve muy rápido y es usado para viajar al espacio.

estrellas: Las estrellas son bolas enormes de gas ardiente que se encuentran en el espacio.

galaxia: Una galaxia es un grupo grande de estrellas y planetas.

Luna: La Luna es el objeto espacial que da una vuelta alrededor de la Tierra cada mes.

meteoro: Un meteoro es un pedazo de roca o metal que entra a la atmósfera de la Tierra.

planetas: Los planetas son objetos enormes y redondos que giran alrededor del Sol. Hay ocho planetas.

Sol: El Sol es la estrella al centro de nuestro sistema solar.

telescopio: Un telescopio es una herramienta que hace que objetos lejanos parezcan cercanos.

Tierra: La Tierra es el planeta en el que vivimos.

Apoyos de la escuela a los hogares para cuidadores y maestros

Los libros de El Semillero de Crabtree ayudan a los niños a crecer al permitirles practicar la lectura. Las siguientes son algunas preguntas de guía que ayudan a los lectores a construir sus habilidades de comprensión. Algunas posibles respuestas están incluidas.

Antes de leer:

- **¿De qué piensas que tratará este libro?** Pienso que este libro tratará sobre lo que hay en el espacio.
- **¿Qué quiero aprender sobre este tema?** Quiero saber qué ve una persona cuando mira a través de un telescopio.

Durante la lectura:

- **Me pregunto por qué...** Me pregunto por qué la Luna tiene marcas redondas.
- **¿Qué he aprendido hasta ahora?** Aprendí que la galaxia tiene forma de espiral.

Después de leer:

- **¿Qué detalles aprendí de este tema?** Aprendí que los meteoros viajan por el espacio.
- **Lee el libro de nuevo y busca las palabras del vocabulario.** Veo la palabra *planetas* en la página 10 y la palabra *astronauta* en la página 16. Las demás palabras del vocabulario están en las páginas 22 y 23.

Library and Archives Canada Cataloguing in Publication

Title: Palabras para el espacio / de Taylor Farley y Pablo de la Vega.
Other titles: Space words. Spanish
Names: Farley, Taylor, author. | Vega, Pablo de la, translator.
Description: Series statement: Mis primeras palabras científicas | Translation of: Space words. | Translated by Pablo de la Vega. | "Un libro de el semillero de Crabtree". | Text in Spanish.
Identifiers: Canadiana (print) 20200416073 | Canadiana (ebook) 20200416081 | ISBN 9781427132369 (hardcover) | ISBN 9781427132413 (softcover) | ISBN 9781427132444 (HTML) | ISBN 9781427135711 (read-along ebook)
Subjects: LCSH: Outer space—Juvenile literature. | LCSH: Astronomy—Terminology—Juvenile literature.
Classification: LCC QB500.22 .F3718 2021 | DDC j520—dc23

Library of Congress Cataloging-in-Publication Data

Names: Farley, Taylor, author.
Title: Palabras para el espacio / de Taylor Farley y Pablo de la Vega.
Other titles: Space words. Spanish
Description: New York : Crabtree Publishing, 2021. | Series: Mis primeras palabras científicas - un libro de el semillero de Crabtree | Includes index. | Audience: Ages 4-6 | Audience: Grades K-1 | Summary: "This book builds beginning vocabulary about space science. Extremely helpful for elementary science preparation, eight words combine with a visual depiction so readers can see what the word means"-- Provided by publisher.
Identifiers: LCCN 2020056210 (print) | LCCN 2020056211 (ebook) | ISBN 9781427132369 (hardcover) | ISBN 9781427132413 (paperback) | ISBN 9781427132444 (ebook) | ISBN 9781427135711 (ePub)
Subjects: LCSH: Outer space--Juvenile literature. | Space sciences--Juvenile literature.
Classification: LCC QB500.22 .F3618 2021 (print) | LCC QB500.22 (ebook) | DDC 523--dc23
LC record available at https://lccn.loc.gov/2020056210
LC ebook record available at https://lccn.loc.gov/2020056211

Crabtree Publishing Company
www.crabtreebooks.com 1-800-387-7650

Written by Taylor Farley
Production coordinator and Prepress technician: Samara Parent
Print coordinator: Katherine Berti
Translation to Spanish: Pablo de la Vega
Edition in Spanish: Base Tres

Print book version produced jointly with Blue Door Education in 2021

Printed in the U.S.A./022021/CG20201215

Photo credits: Cover: ©shutterstock.com/Vadim Sadovski, ©shutterstock.com/3Dsculptor, ©shutterstock.com/Vetreno, ©shutterstock.com/ngagwang, ©shutterstock.com/kolopach; Pg 2, ©shutterstock.com/kolopach Pg 3; ©shutterstock.com/Wiktoria Matynia; Pg 4, ©shutterstock.com/kolopach; Pg 5, ©shutterstock.com/Amanda Carden; Pg 6, ©shutterstock.com/kolopach; Pg 7, ©shutterstock.com/godrick; Pg 8, ©shutterstock.com/ngagwang; Pg 9, ©shutterstock.com/ANON MUENPROM; Pg 10, ©shutterstock.com/kolopach; Pg 11, ©shutterstock.com/Vadim Sadovski; Pg 12, ©shutterstock.com/Vetreno; Pg 13, ©shutterstock.com/Celig; Pg 14, ©shutterstock.com/Vyacheslav Motserenkov;Pg 15, ©shutterstock.com/3Dsculptor; Pg 16, ©shutterstock.com/delcarmat; Pg 17, ©shutterstock.com/Vadim Sadovski; Pg 18, ©istock.com/ Stock Illustrations | Fictional Character; Pg 19, ©istock.com/3000ad; Pg 20, ©shutterstock.com/Dzianis_Rakhuba; Pg 21, shutterstock.com/ NASA images

Published in Canada
Crabtree Publishing
616 Welland Ave.
St. Catharines, Ontario
L2M 5V6

Published in the United States
Crabtree Publishing
347 Fifth Ave.
Suite 1402-145
New York, NY 10016

Published in the United Kingdom
Crabtree Publishing
Maritime House
Basin Road North, Hove
BN41 1WR

Published in Australia
Crabtree Publishing
Unit 3 – 5 Currumbin Court
Capalaba
QLD 4157